浪花朵朵

致命的动物

不可思议的捕猎技巧

[德]马库斯·贝内曼 著
[德]雅尼娜·琪琪 绘
洪堃绿 译

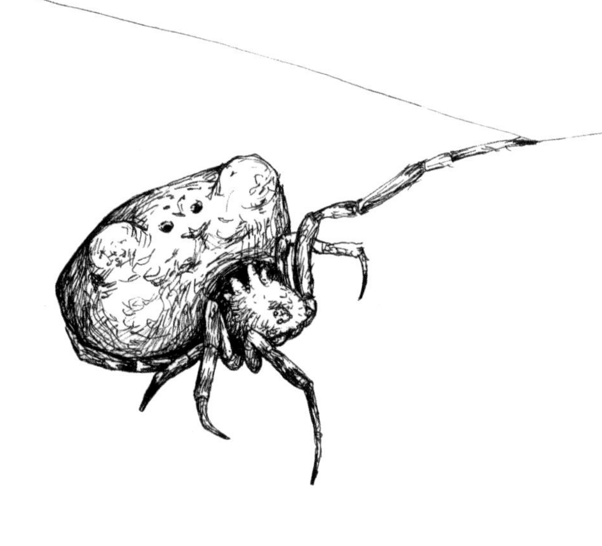

海峡出版发行集团 THE STRAITS PUBLISHING & DISTRIBUTING GROUP | 海峡书局

前　言

动物王国可不是游乐场。不管是捕猎者还是猎物，想要在这里生存，就必须时刻保持警惕。

捕猎者和猎物一直在进行一场赛跑。字面意义上的赛跑经常发生，例如狮子追逐羚羊。但更常见的是另一层意义上的赛跑。

蝴蝶和飞蛾的翅膀上有无数微小的鳞片。这些鳞片不仅能构成色彩斑斓的花纹，还有另一项重要功能：蝴蝶和飞蛾撞上蜘蛛网时不断挣扎，这些鳞片会从翅膀上脱落，粘在具有黏性的蛛丝上，使蝴蝶和飞蛾有机会逃脱。

现在轮到蜘蛛上场了！更准确地说，是到了进化发挥作用的时刻。蜘蛛会进化出什么样的本领，来对付这些振动翅膀的猎物？

与此类似的还有鲱鱼与鲸鱼。鲱鱼群规模庞大，按理说，鲸鱼只需游到鲱鱼群中张开嘴，就可以饱餐一顿。但是每当鲸鱼靠近，鲱鱼就会像受惊的鸟群一样四散开来。

鲸鱼该怎么办？这种聪明的海洋哺乳动物会想出什么办法来填饱自己的肚子？

你将在这本书中找到上述问题的答案。在这里，你会看到向猎物抛出“套索”的蜘蛛，用“网”捕鱼的鲸鱼，为了捕猎而上演大师级表演的蛇，挖掘陷阱的“迷你狮子”，“入室抢劫”的雌性北极熊，以及用特殊技巧攻破猎物防御的金雕。

这些动物的捕猎方法招招致命，我们甚至可以从中看到类似人类的智慧。

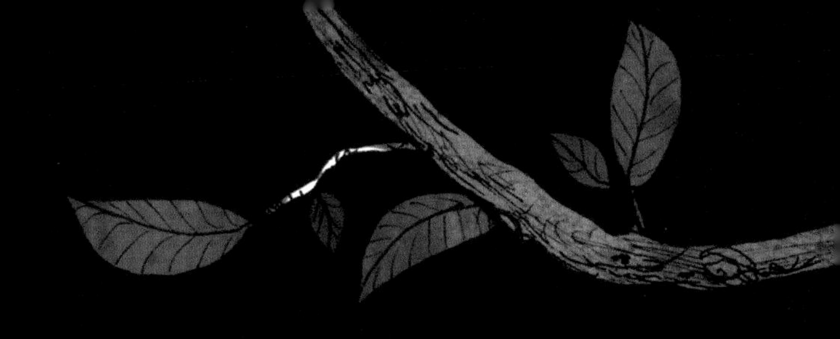

指猴

夜晚的敲击声

入夜后，一种奇怪的动物开始在马达加斯加的森林中游荡。它长着大大的耳朵、长长的门牙和可怕的黄眼睛，最特别的是它的两根又细又长的中指。它会一边用中指敲击树干，一边仔细听从树干中传出的回音。这就是指猴。

树皮下，胖嘟嘟的甲虫幼虫正尽情地啃食木头，在树干深处钻出一条条通道。在没有啄木鸟的马达加斯加岛，这些幼虫似乎可以高枕无忧。不幸的是，岛上的指猴填补了啄木鸟在生物链中的位置。

指猴在敲击树干时，如果发现树干中有空洞，就会用尖利的牙齿在树皮上啃出一个洞，将细长的中指伸进洞中，用爪子巧妙地钩出猎物。最后，敲击声消失了，取而代之的是从树梢上传来的指猴享受食物的咀嚼声。

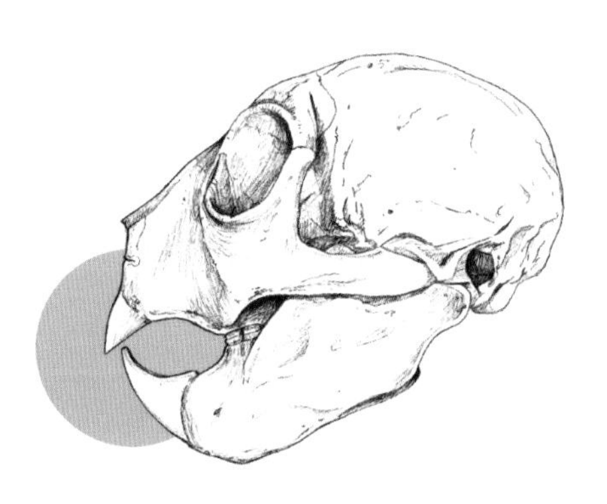

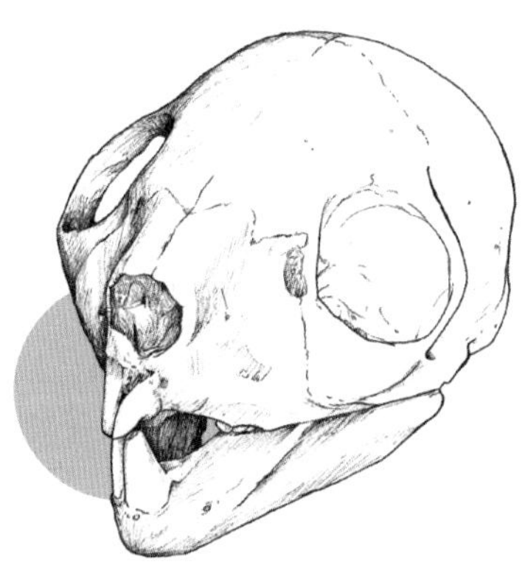

指猴属于原猴亚目，与类人猿亚目有着紧密的血缘关系，但它长着与啮齿类动物相似的牙齿。

指猴

体形大小	栖息地	食物	天敌	习性
加上尾巴可长达 1 米	只生活在马达加斯加的森林中	昆虫、椰子、水果、花蜜	马岛长尾狸猫	夜间寻找食物，白天睡觉

蚁 狮

幼虫的
第一阶段

幼虫的
第二阶段

结茧化蛹

沙中的“狮子”

在世界各地的沙地中，有时会出现奇怪的漏斗形沙坑。这些沙坑不可能是风吹出来的，因为它们的形状非常规整。那它们究竟是谁的杰作？其实，这是一种食肉动物挖出来的陷阱。

如果有蚂蚁爬过沙坑边缘，松散的沙子会瞬间崩塌，蚂蚁就会滑落到沙坑中。对蚂蚁来说，爬出沙坑并不是件容易的事。如果这个时候还有砖块一样威力十足的沙粒砸向蚂蚁，情况就更糟糕了。

朝蚂蚁投掷沙粒的是蚁蛉的幼虫——蚁狮。蚁蛉成虫是一种长得像蜻蜓的有翅类昆虫。蚁狮在沙地中挖出漏斗形的沙坑，埋伏在沙坑中央的沙子里，等待蚂蚁或其他昆虫落入陷阱。如果猎物试图逃脱，蚁狮就会向它们投掷沙粒。猎物不断下滑，最后落到坑底，蚁狮就用自己的大钳子杀死猎物。

猎物

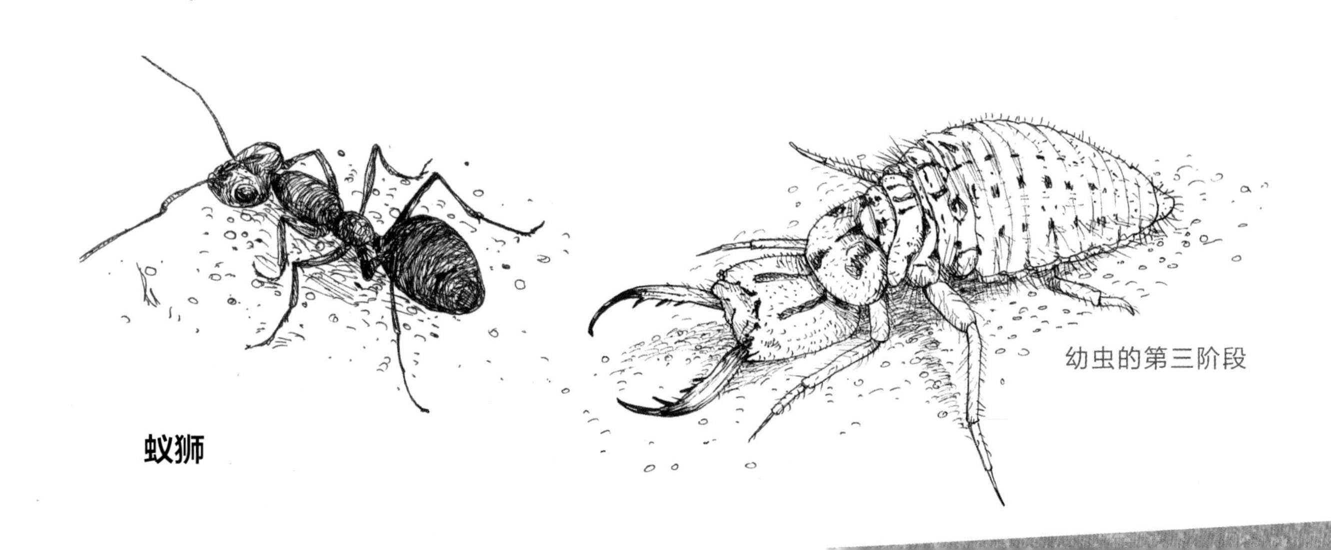
幼虫的第三阶段

蚁狮

全世界大约有 2000 种蚁蛉。在中国，蚁蛉主要分布在新疆、甘肃、河南等地区。

体形大小	栖息地	食物	天敌	习性
幼虫期最后一个阶段的蚁狮长约 1.5 厘米	分布在世界各地，通常生活在干燥的沙地中	幼虫时期吃蚂蚁、甲虫和蜘蛛；成虫时期吃小型有翅类昆虫	已知的有姬蜂等寄生蜂	幼虫时期在白天活动；成虫时期在夜间活动

墨西哥兔唇蝠

捕鱼的蝙蝠

傍晚时分，当拉丁美洲水域上空的天色逐渐昏暗，属于蝙蝠的时刻就到来了。这些黑夜中的猎手想在这里抓到什么样的猎物？是那些偶尔会落到水里的甲虫和飞蛾吗？那它们很快就会挨饿，因为水里的鱼总能抢先一步，毫不客气地吞下这些从天而降的美食。

看！有一只蝙蝠飞向水面。它紧贴水面飞行，伸出大大的爪子。刚才一条鱼在这里捉到了猎物。蝙蝠比鱼晚了一步，难道它将无功而返？它的爪子很快伸进水中，但捉上来的不是昆虫，而是这条比昆虫肥美得多的鱼！

这种像猛禽鹗一样捕鱼的蝙蝠叫作墨西哥兔唇蝠。它们生活在南美洲和加勒比地区，擅长在夜间捕鱼。和其他的蝙蝠一样，墨西哥兔唇蝠也能发出超声波，根据耳朵捕捉到的回声判断猎物的位置。鱼的捕食行为让水面产生了细微的波动，因此墨西哥兔唇蝠可以准确地找到鱼的位置。

墨西哥兔唇蝠的爪子像鹰一样长而有力。在捕猎时，它的爪子朝向前方。

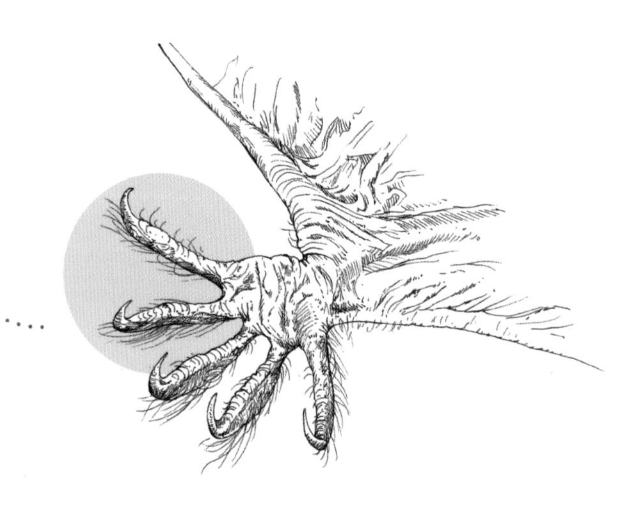

墨西哥兔唇蝠

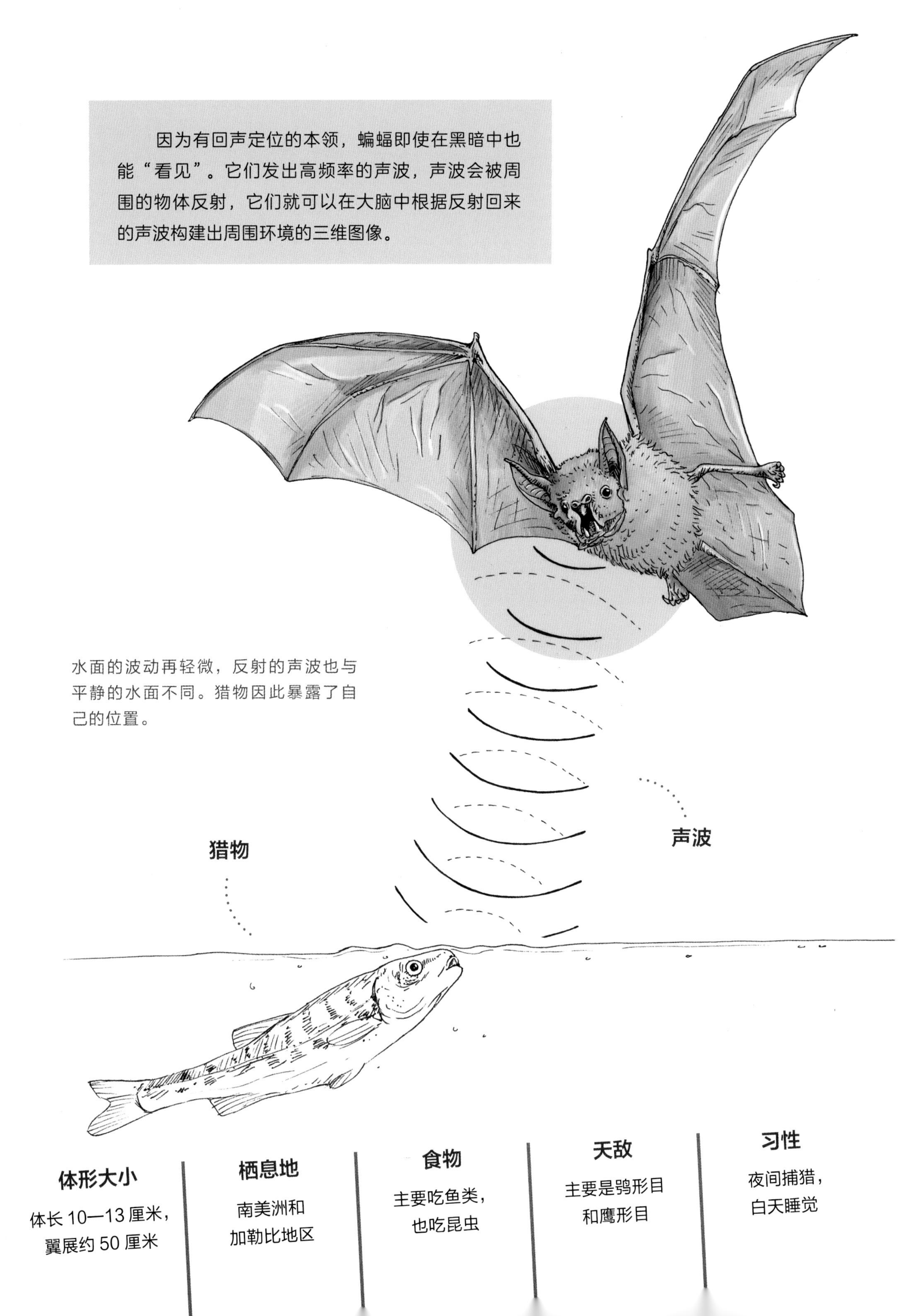
因为有回声定位的本领，蝙蝠即使在黑暗中也能“看见”。它们发出高频率的声波，声波会被周围的物体反射，它们就可以在大脑中根据反射回来的声波构建出周围环境的三维图像。
水面的波动再轻微，反射的声波也与平静的水面不同。猎物因此暴露了自己的位置。
猎物
声波
体形大小
体长 10—13 厘米，翼展约 50 厘米
栖息地
南美洲和加勒比地区
食物
主要吃鱼类，也吃昆虫
天敌
主要是鸮形目和鹰形目
习性
夜间捕猎，白天睡觉

座头鲸

水下渔夫

食物充足时，北太平洋沿岸会出现规模庞大的鱼群，其中最小的鱼群也由成千上万条鱼组成。除了渔夫撒下的渔网和饥饿的海鸟，这些鱼似乎没有什么需要害怕的。

突然，鱼群四周出现了一张环形的网！这张网并不是从上方撒下的，而是从鱼群下面升起的，还有着可怕的声响。惊恐的鱼儿紧紧地挤在一起，试图逃向水面。就在此时，几张巨大的嘴在鱼群下张开，将它们一口吞下。

这些大嘴属于座头鲸。座头鲸有时会这样结伴捕猎：它们一边发出叫声，一边用头顶的气孔喷出上升的气泡，形成“气泡网”困住鱼群。之后它们只要向上游，张开深不见底的大嘴，就可以饱餐一顿。

每头座头鲸的尾鳍都不相同，因此我们可以通过尾鳍来识别座头鲸。

座头鲸

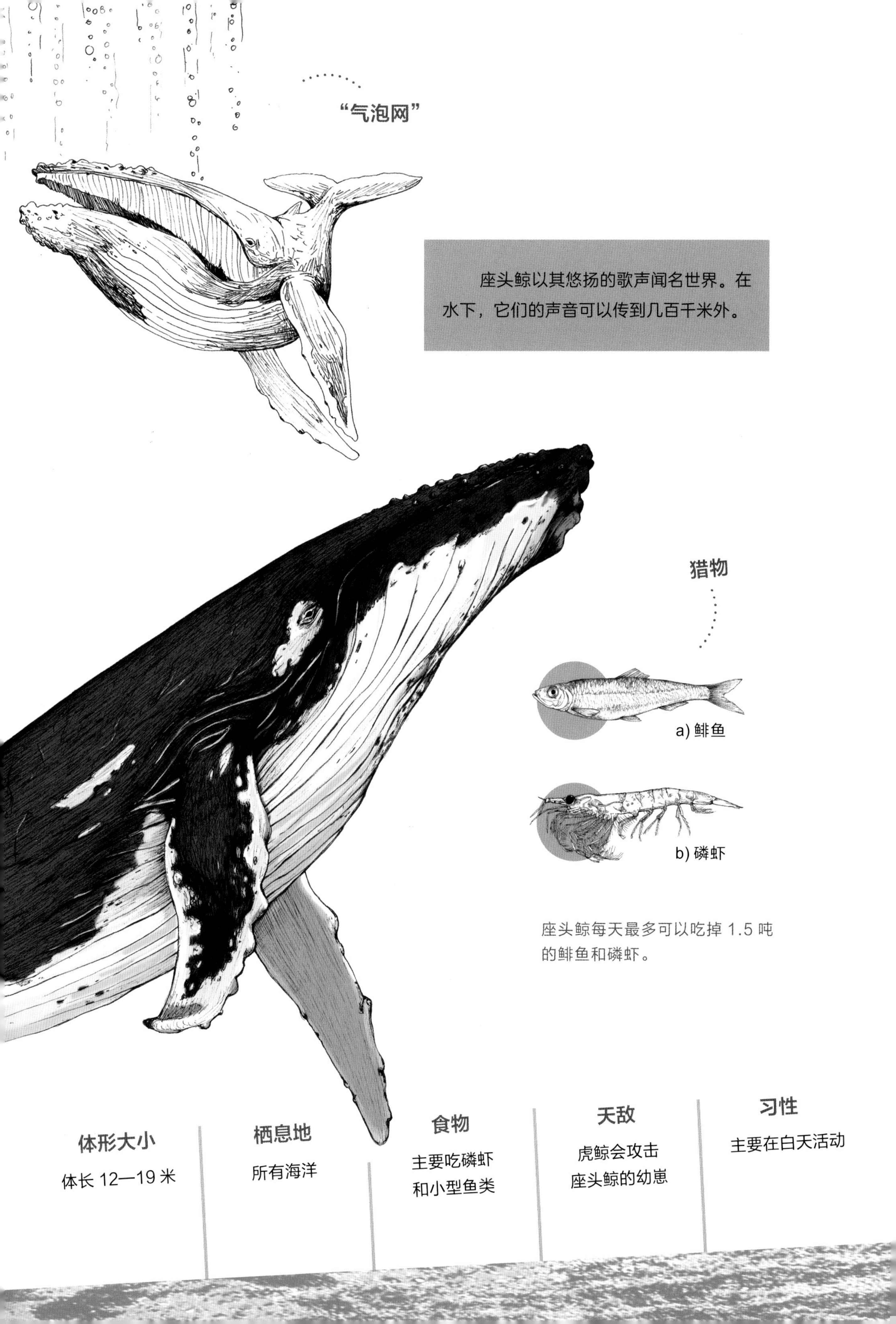

座头鲸以其悠扬的歌声闻名世界。在水下，它们的声音可以传到几百千米外。

座头鲸每天最多可以吃掉 1.5 吨的鲱鱼和磷虾。

体形大小	栖息地	食物	天敌	习性
体长 12—19 米	所有海洋	主要吃磷虾和小型鱼类	虎鲸会攻击座头鲸的幼崽	主要在白天活动

射水鱼

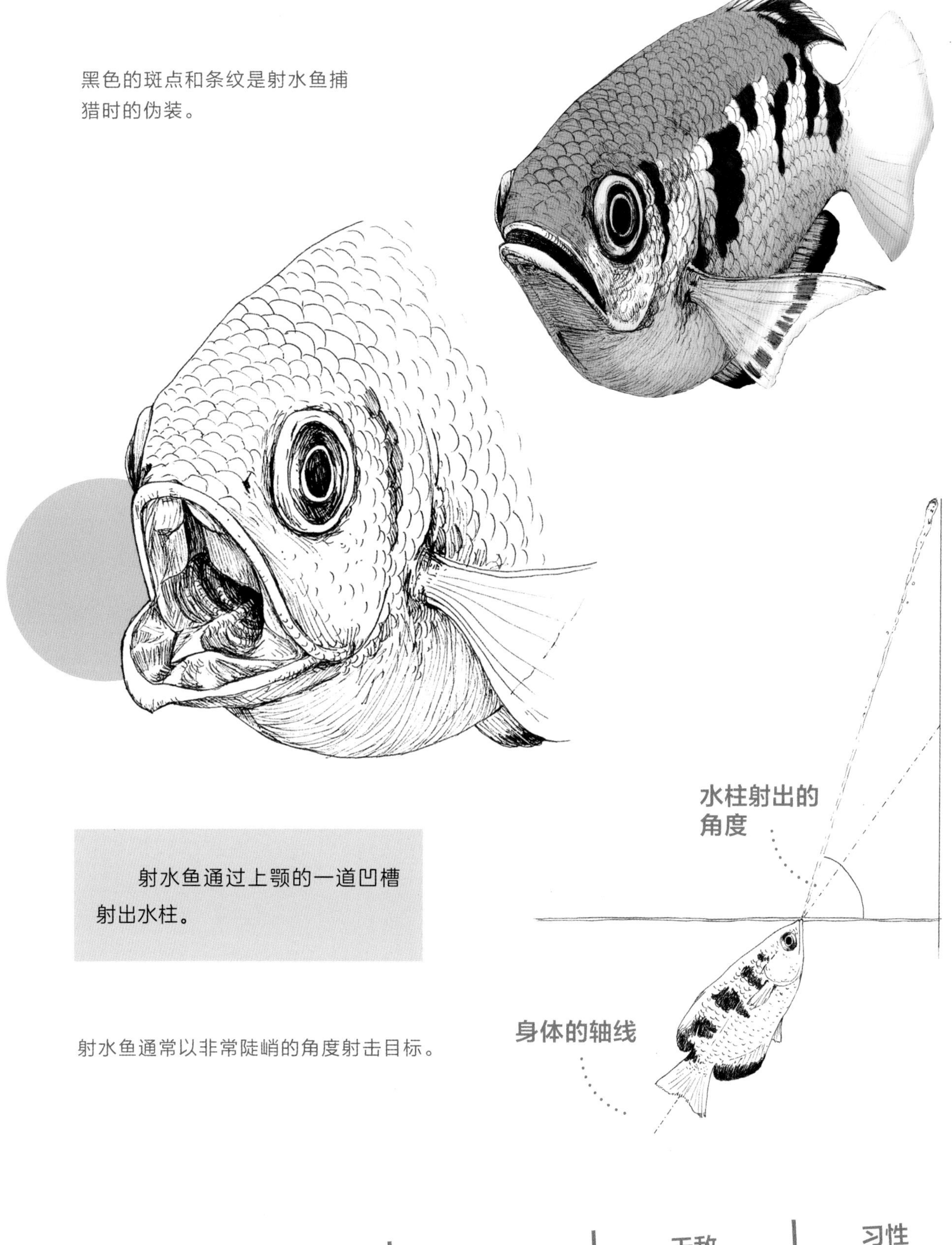

黑色的斑点和条纹是射水鱼捕猎时的伪装。

射水鱼通过上颚的一道凹槽射出水柱。

射水鱼通常以非常陡峭的角度射击目标。

体形大小	栖息地	食物	天敌	习性
体长约 20 厘米	澳大利亚和东南亚地区	昆虫、蜘蛛、小型甲壳类动物和植物	鸟类和肉食性鱼类	在白天活动，通常成群出没

蛛尾拟角蝰

狡猾的木偶戏演员

伊朗西部的山地干燥而荒凉，只有零星的几处灌木丛散布在这片土地上，布满灰尘的岩石像是月球上的景观。一只漠百灵正在寻找食物。这只小鸟似乎运气不错——在不远处的斜坡上，一只蜘蛛正在岩石上爬行。

蜘蛛肥硕的腹部和长长的腿让漠百灵垂涎欲滴。这只蜘蛛好像很想被吃掉：它不断地绕“8”字爬行，像是在跳着某种奇怪的舞蹈，就算漠百灵靠近，它也没有停下。当漠百灵贪婪地啄向蜘蛛时，蜘蛛底下的岩石突然动了！

这只“蜘蛛”其实是一条蛛尾拟角蝰的尾巴末端。其他的蛇类也会用尾巴来引诱猎物，这种行为被称为“攻击性拟态”。但与其他只是模仿蠕虫或毛毛虫的蛇类不同，只有蛛尾拟角蝰会模仿蜘蛛这样形态复杂的动物。

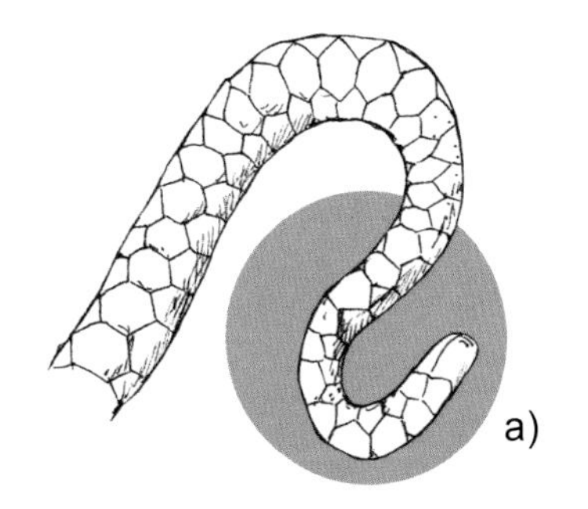

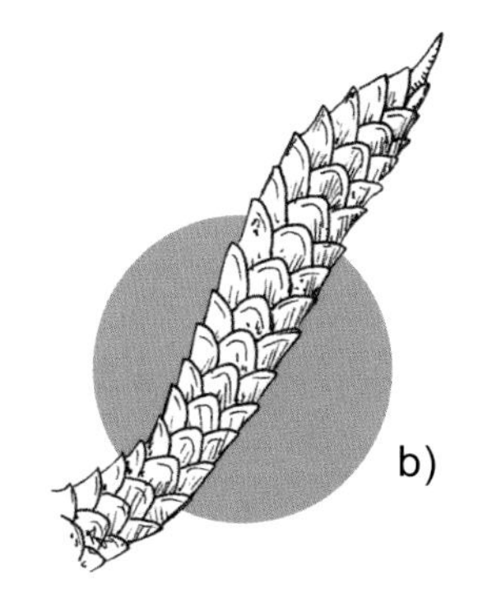

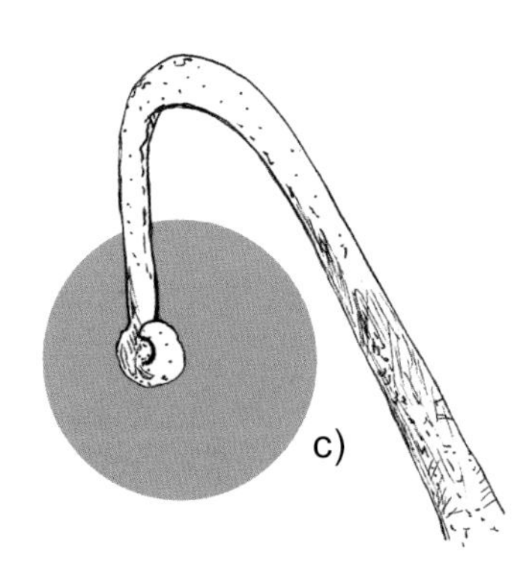

a）莽山烙铁头蛇的尾巴
b）死亡蛇的尾巴
c）墨西哥蝮蛇的尾巴

蛛尾拟角蝰

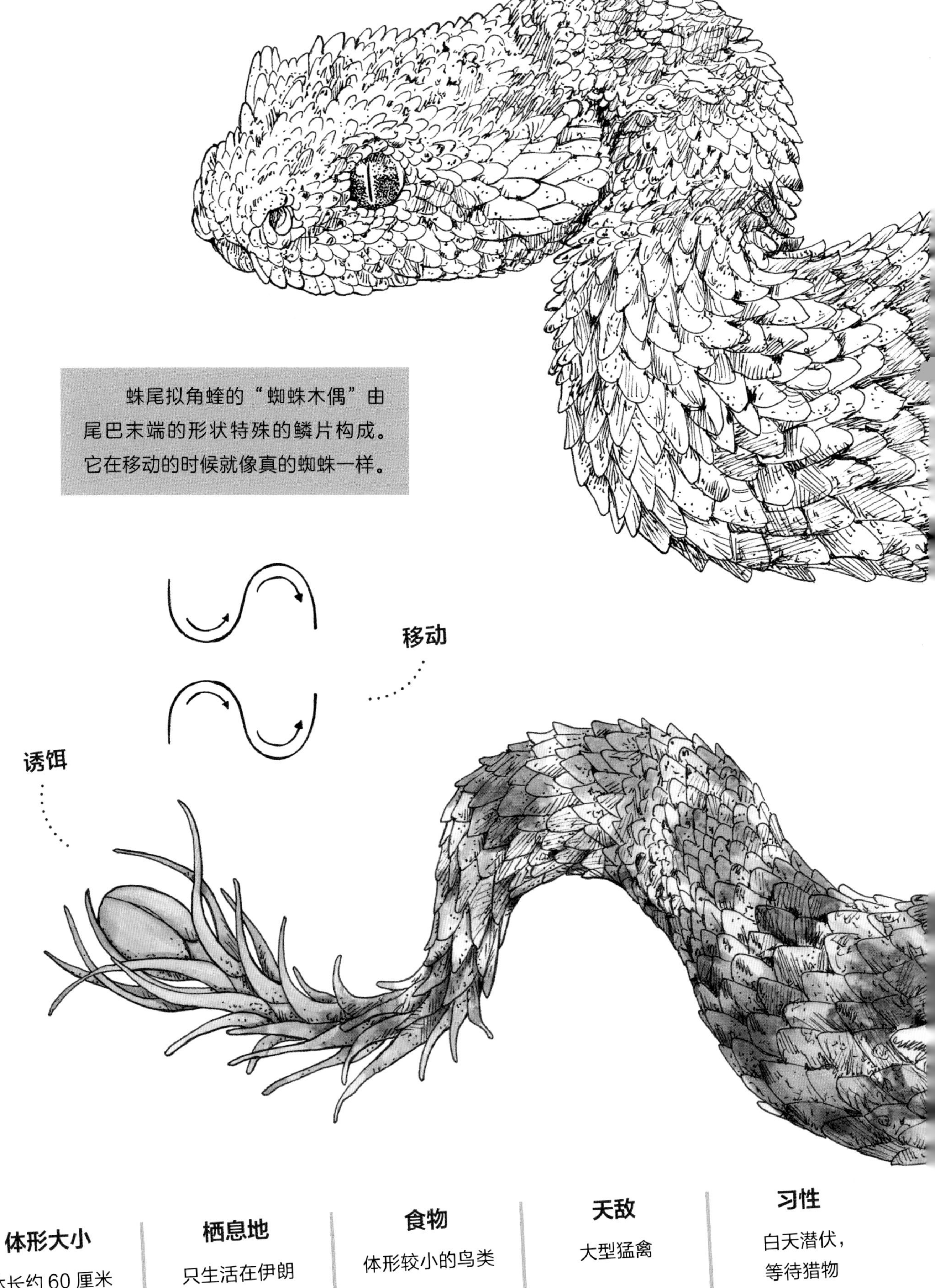

蛛尾拟角蝰的“蜘蛛木偶”由尾巴末端的形状特殊的鳞片构成。它在移动的时候就像真的蜘蛛一样。

体形大小	栖息地	食物	天敌	习性
体长约 60 厘米	只生活在伊朗	体形较小的鸟类	大型猛禽	白天潜伏，等待猎物

白鼬

危险的舞者

白鼬是一种小型鼬。大多数白鼬在冬天时皮毛是雪白的，因为这身皮毛，白鼬长期以来被人类大量捕杀。

这种小型食肉动物喜欢吃野兔。但是野兔的体形比白鼬大，也更加强壮。因此，在捕猎时，白鼬会从后方扑向野兔，或者先追赶野兔，等到它筋疲力尽时再发起攻击。有时，白鼬甚至会用更狡猾的手段：它在野兔面前表演诡异的“舞蹈”——跳跃，翻跟头，或者绕圈奔跑。据说，白鼬用这种“舞蹈”来迷惑野兔，就可以趁机咬住它的后颈。

然而，并不是所有人都认同这种说法。有些科学家认为，许多小型鼬在各种场合疯狂地舞动身体，是因为受到脑内寄生虫的影响。

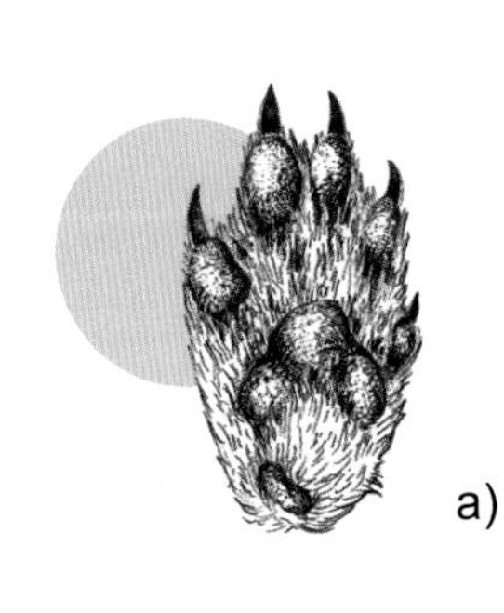

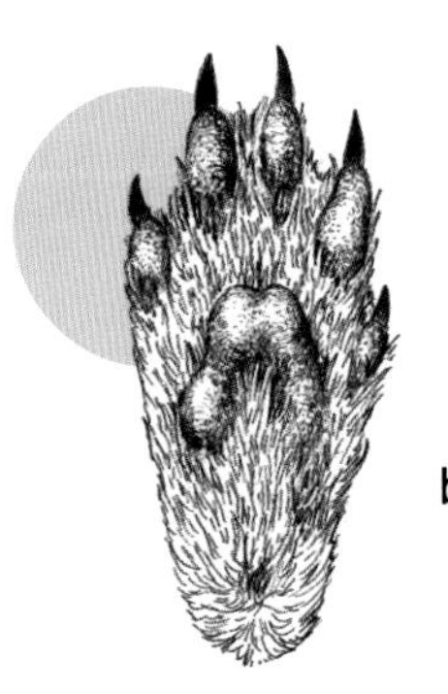

在山区、北方高纬度地区等多雪地带，白鼬的皮毛会在冬天时变白。这能让白鼬更好地伪装自己。

体形大小	栖息地	食物	天敌	习性
体长 17—33 厘米，尾长 4—12 厘米	原本只生活在欧洲、美洲和亚洲，现在也出现在澳大利亚	主要吃老鼠和野兔，有时也吃鸟类、鱼和甲虫	狐狸、猛禽和其他体形更大的鼬	白天和夜间都会出来活动

北极熊

为了砸开海豹的洞穴，北极熊将全身的重量都砸向洞顶。这个重量可以达到约 400 千克。

体形大小

雄性体长可达 3 米
雌性体长可达 2.5 米

栖息地

北极周围

食物

主要吃环斑海豹，也吃驯鹿、海象和鲸鱼的尸体

天敌

在自然界中，除了同类没有天敌

习性

主要在上午活动

流星锤蜘蛛

自带“套索”的蜘蛛

飞蛾是蜘蛛喜欢的美食，但它很难捕捉。飞蛾的翅膀上有非常容易脱落的鳞片，就算飞进蜘蛛网中，它也可以用这些鳞片逃脱，留给蜘蛛的只有一些粘在网上的鳞片。

流星锤蜘蛛进化出了一种独特的本领来捕捉飞蛾。它能够模仿雌性飞蛾的气味，吸引激动的雄性飞蛾靠近自己。一些流星锤蜘蛛甚至会在同一个傍晚使用几种不同的“香水”，以此吸引不同时段出没的不同种类的雄性飞蛾。

流星锤蜘蛛是用什么方法捉到这些在四周飞舞的美味的？流星锤蜘蛛的名字正是源于它独特的捕猎技巧。它用蛛丝制造出一根末端带有圆球的强韧的细线，然后像牛仔挥舞套索一样挥动这个“流星锤”。飞蛾虽然有非常容易脱落的鳞片，但无法挣脱带有黏性的蛛丝球。一旦有飞蛾被粘住，蜘蛛就将不停挣扎的猎物拉向自己。

雄性流星锤蜘蛛

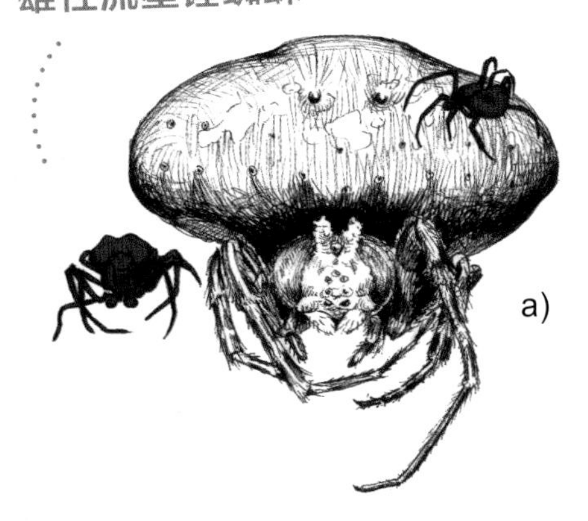

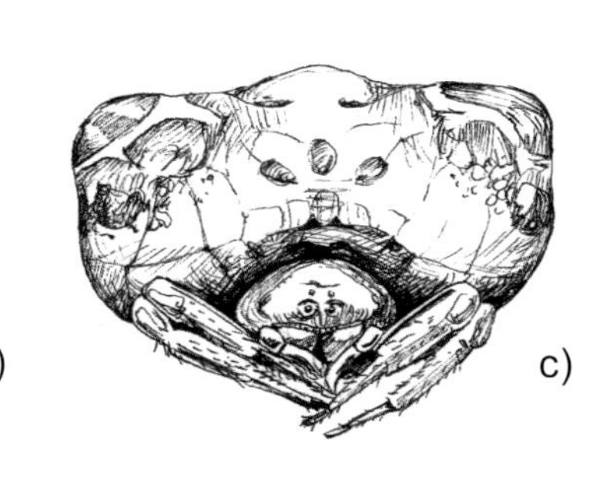

a）美洲的流星锤蜘蛛
b）亚洲和澳大利亚的流星锤蜘蛛
c）非洲的流星锤蜘蛛

流星锤蜘蛛

有一种流星锤蜘蛛可以瞄准猎物抛出“流星锤”，另外两种只能简单地甩动“流星锤”，直到正好捉住一只飞蛾。

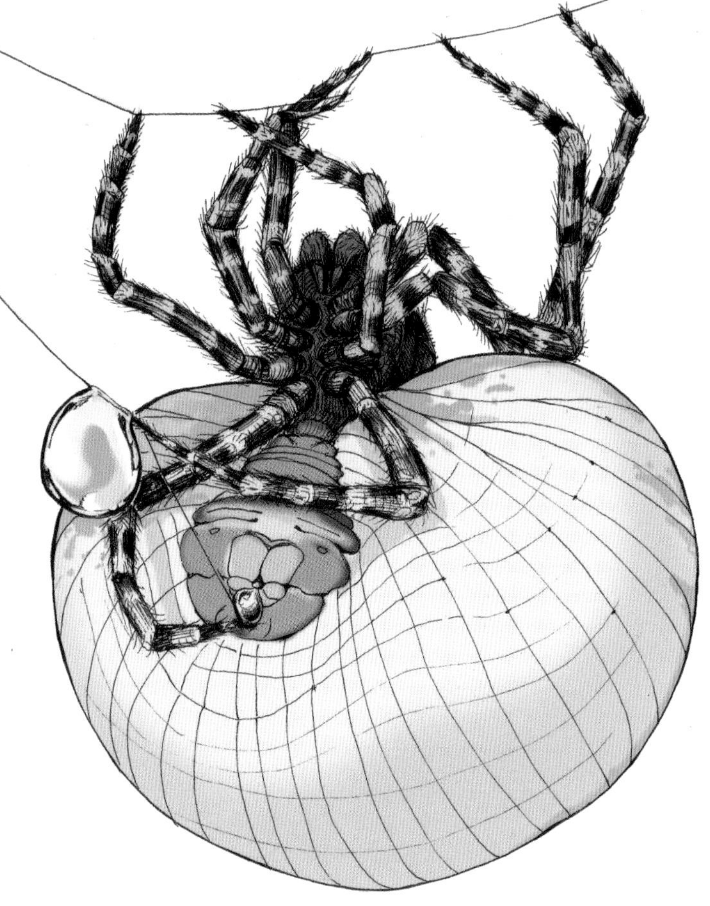

美洲的流星锤蜘蛛

d)

猎物

e)

这两种飞蛾在夜晚的不同时间活动。流星锤蜘蛛会在相应的时间使用不同的“香水”，吸引雄性飞蛾。

d）蛮夜蛾
e）一种裳夜蛾

体形大小	栖息地	食物	天敌	习性
雌性体长可达 1.5 厘米，雄性体长只有 2 毫米	美洲、非洲、澳大利亚和亚洲	只吃飞蛾	鸟类和寄生蜂	夜间捕猎

金雕

眼睛是金雕最重要的感觉器官。金雕可以在几百米的高空看到地上的猎物。

体形大小	栖息地	食物	天敌	习性
体长 70—100 厘米，翼展可达 230 厘米	北美洲、欧洲、亚洲、非洲北部	兔子、啮齿类动物、小型鸟类和羚羊幼崽	争夺领地的同类，有时也会被体形较大的猛兽攻击	白天捕猎

雅尼娜 · 琪琪，来自德国耶拿市。她曾在包豪斯大学学习视觉传达设计，在德国汉堡大学学习设计与插画。《致命的动物：不可思议的捕猎技巧》是她的第一本书。

马库斯 · 贝内曼是一名科学编辑，他还研究历史和英国文学，曾是一家日报的记者，为电视台写过剧本。他已经出版了几本关于动物的科普著作。

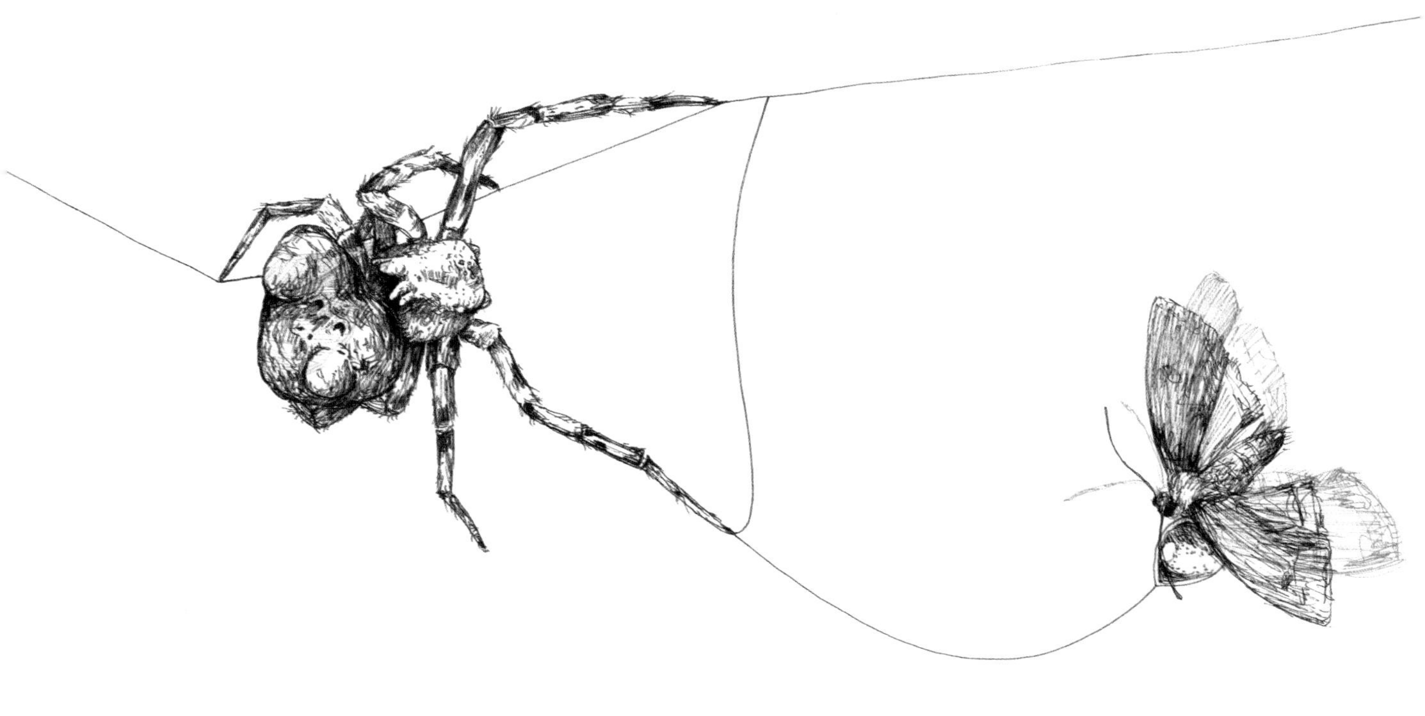

图书在版编目（CIP）数据

致命的动物：不可思议的捕猎技巧 /（德）马库斯·贝内曼著；（德）雅尼娜·琪琪绘；洪堃绿译. -- 福州：海峡书局，2022.4

ISBN 978-7-5567-0892-5

Ⅰ. ①致… Ⅱ. ①马… ②雅… ③洪… Ⅲ. ①动物－儿童读物 Ⅳ. ① Q95-49

中国版本图书馆 CIP 数据核字 (2022) 第 010565 号

Original title:
Author/Illustrator: Markus Bennemann, Janine Czichy
Title: Tierisch Tödlich

著作权合同登记号 图字：13-2021-059

出 版 人：林 彬
选题策划：北京浪花朵朵文化传播有限公司
出版统筹：吴兴元
编辑统筹：彭 鹏
责任编辑：李长青 龙文涛
特约编辑：陈宇星
营销推广：ONEBOOK
装帧制造：墨白空间·郑琼洁

致命的动物：不可思议的捕猎技巧
ZHIMING DE DONGWU: BUKESIYI DE BULIE JIQIAO

著 者：[德] 马库斯·贝内曼
绘 者：[德] 雅尼娜·琪琪
译 者：洪堃绿
出版发行：海峡书局
地 址：福州市白马中路 15 号海峡出版发行集团 2 楼
邮 编：350001
印 刷：鹤山雅图仕印刷有限公司
开 本：787mm × 1092mm 1/16
印 张：4.5
字 数：40 千字
版 次：2022 年 4 月第 1 版
印 次：2022 年 4 月第 1 次
书 号：ISBN 978-7-5567-0892-5
定 价：88.00 元

读者服务：reader@hinabook.com 188-1142-1266
投稿服务：onebook@hinabook.com 133-6631-2326
直销服务：buy@hinabook.com 133-6657-3072
官方微博：@浪花朵朵童书